AF619624

PETIT TRAITÉ SPÉCIAL

DE LA

CULTURE DES ABEILLES

S

34037

PARIS. — IMP. SIMON RAÇON ET COMP., RUE D'ERFURTH, 1.

PETIT TRAITÉ SPÉCIAL

DE LA

CULTURE DES ABEILLES

AVEC L'AUMONIÈRE

RUCHE A CADRE ET GRENIERS MOBILES

ADMISE A L'EXPOSITION UNIVERSELLE DE 1867

Classe 43me dans le Palais (Produits agricoles)
Et Classe 81me (Ile de Billancourt)

PAR

L'ABBÉ SAGOT

CURÉ DE SAINT-OUEN-L'AUMÔNE PRÈS PONTOISE
MEMBRE DE LA SOCIÉTÉ CENTRALE D'APICULTURE A PARIS
MEMBRE DU COMICE AGRICOLE DE SEINE-ET-OISE
MEMBRE DE LA SOCIÉTÉ D'AGRICULTURE ET D'HORTICULTURE DE L'ARRONDISSEMENT
DE PONTOISE
HONORÉ DE QUATRE MÉDAILLES POUR SA RUCHE ET SES MIELS

PARIS
PAGNERRE, LIBRAIRE-ÉDITEUR
18, RUE DE SEINE

1867

AVANT-PROPOS

ET CONSIDÉRATIONS GÉNÉRALES

Les abeilles sont d'actives ouvrières qui recueillent avec un élan merveilleux les sucs renfermés dans le calice des fleurs ; puis en élaborent, par la fermentation qui s'opère dans leur estomac, un miel délicieux et une cire précieuse sous plus d'un rapport.

Plusieurs auteurs, dans ces derniers temps, tels que Debeauvois, Frarières, l'abbé Collin et Hamet, ont décrit savamment la nature, les habitudes et les mœurs des abeilles. Pour nous, nous ne parlerons dans ce petit traité spécial que du travail si actif, si intelligent et si fructueux de ces utiles insectes, quand il est bien secondé par une culture rationnelle et en rapport avec leurs instincts toujours invariables.

Aussitôt que les beaux jours ont reparu, après la saison d'hiver, aussitôt que les premiers rayons du soleil printanier ont réchauffé l'atmosphère et fait sortir définitivement nos abeilles de leur engourdissement hivernal, aussitôt que tout est revenu à la vie dans cet admirable gouvernement qu'on appelle *une ruchée*, l'activité recommence par un nettoyage général et un appropriement complet de l'intérieur de la ruche. La reine visite les cellules et y dépose ses œufs, premières espérances d'un nombreux couvain. L'élan est donné : le soleil est radieux, l'atmosphère est tempérée, les abeilles descendent de leurs rayons pressés et tapissent la porte de la ruche. De là elles partent gaiement, en poussant un petit cri strident qui est comme le chant du départ, et bientôt elles abordent les fleurs que leur présente la saison : les chatons du noisetier, le marseau aux grappes dorées leur offrent un pollen abondant qu'elles se hâtent de rapporter à la ruche par de jolies petites pelotes jaunes soigneusement arrondies dans la cavité supérieure de leurs pattes de derrière. Les boutons glutineux du peuplier, du sapin, rappelés à la vie par les premières chaleurs du printemps, leur présentent la propolis résineuse dont elles vont enduire leurs ruches et consolider leurs édifices. D'autres se plongent avec ardeur dans le calice des premières fleurs, introduisent leur pompe aspirante jusque dans les ovaires imprégnés de sucs et de rosée, remplissent avidement la poche mellifère de leur frêle estomac, puis retournent prestement à la ruche pour y déposer leur butin et recommencer leurs courses rapides. Tandis que les couveuses puisent largement à ces nouveaux magasins les éléments convenables pour composer la bouillie propice et alimenter le nombreux couvain qui se développe et s'accroît rapidement dans chacune des ruchées prospères, jusqu'à ce que, par un décret providentiel et chaque année renouvelé, sous l'influence de la température élevée des mois de mai et juin, des milliers d'émigrantes, sous la conduite de leur reine respective, s'échappent tout à coup de chaque ruche mère et forment autant de nouveaux essaims qui concourent à grossir la colonie et à propager l'espèce mellifère. C'est en entrant dans ces vues instinctives des abeilles et en secondant même ce besoin naturel de propagation, que nous avons cherché, pour simplifier le travail de l'apiculteur, et que nous avons trouvé heureusement le moyen de remplacer aussi avantageusement par l'essaimage artificiel cette sortie capricieuse des abeilles qui fait trop souvent le désespoir et l'ennui de leur possesseur. Cette harmonieuse et instinctive sollicitude qui règne constamment chez ces actives et prudentes ouvrières, tout en augmentant chaque année leur nombre et leurs forces productives, concourt puissamment, on le conçoit, à augmenter leurs richesses mellifères et cirières.

Mais n'allons pas croire que ces milliers d'insectes ailés, en visitant si activement les fleurs pour en recueillir le miel le plus pur, se proposent d'enrichir l'homme d'un précieux butin et de satisfaire son palais délicat ; non, en cela comme en tout le reste, l'homme, roi de la création, exerce le droit de possession qu'il a reçu du Créateur ; mais ces colonies nombreuses qui s'accroissent du printemps à l'automne, qui travaillent sans relâche le jour pour pomper le suc des fleurs et la nuit pour le chauffer, l'élaborer et le transformer en miel et en cire, se proposent avant tout d'assurer leur subsistance et celle de leur nombreux couvain pendant la longue saison d'hiver. Fort heureusement que toujours les abeilles, par une rare prudence, bien digne d'être imitée par l'homme, et dans la perspective possible des jours mauvais et infructueux, profitent de toute la saison favorable pour recueillir et ne jamais dire : C'est assez. C'est cet excès de butin qui s'accroît sans cesse dans les années d'abondance sous une habile direction, c'est ce superflu des abeilles, ce trop-plein de leurs ruches qui naturellement appartient à l'homme ; mais ce superflu seulement ! c'est tout ce que le véritable apiculteur doit enlever à ses abeilles, c'est ce trop-plein seulement qui lui appartient légitimement. S'il sait s'en contenter et modérer l'appétit de ses désirs, il s'apercevra bien vite qu'il double l'activité de ses abeilles, loin de les décourager, et que par là même il double également ses bénéfices. Arrière l'apiculteur qui, s'appuyant sur un système vicieux, ne sait que détruire pour amasser ; il décourage ses abeilles et compromet ses propres intérêts ; c'est alors un possesseur d'abeilles et rien de plus. Et si, pour avoir tout le miel à l'automne, il a recours à la honteuse mèche de soufre, c'est un barbare étouffeur qui détruit fort inutilement d'utiles et vigoureuses ouvrières qui sont sa propriété et sa richesse, c'est un insensé qui abat son noyer pour en cueillir plus facilement les fruits ; c'est un routinier qui ne sait pas qu'en détruisant chaque année ses ruches mères, il n'a souvent que de vieilles reines qui s'épuiseront bientôt et amèneront bien vite la destruction de son rucher. Tandis qu'en ne prenant à ses abeilles que quelques rayons de choix en juillet et leur superflu en automne, et en réunissant en octobre les vieilles mères aux essaims les plus faibles dont il double ainsi la population et auxquels il assure des vivres pour l'hiver, il se procure par là des colonies actives nombreuses et des reines toujours vigoureuses et fécondes.

Le grand point en apiculture, c'est de ménager les abeilles, de ne pas trop leur prendre à la fois pour avoir beaucoup à la fin, se conformant d'ailleurs chaque année aux ressources mellifères plus ou moins abondantes de la contrée : conserver soigneusement ses abeilles sans jamais en détruire ; mais les réunir habilement et à propos à l'automne, pour avoir de fortes populations, c'est le moyen de récolter beaucoup de miel.

Ce qui n'est pas moins important, c'est de leur présenter un logement non-seulement qui convienne à leurs instincts, mais encore qui permette à l'apiculteur de s'emparer facilement de leurs produits, sans faire des sacrifices inutiles et souvent inopportuns. L'abeille n'est pas difficile pour le logement ; elle travaille également bien dans toutes sortes de ruches, depuis le tronc d'arbre creusé par le temps ou grossièrement disposé pour la recevoir jusqu'à l'élégante ruche d'osier, de bois ou de verre, tout lui est bon, pourvu que sa demeure soit bien saine et bien close, ce dont elle s'empresse d'ailleurs de faire es frais en s'y installant. L'essentiel pour l'abeille c'est que l'année lui présente beaucoup de miel. Mais pour le propriétaire d'abeilles, il n'en est pas de même : il ne suffit pas même pour lui que le miel soit abondant, il faut encore qu'il puisse le récolter facilement, avantageusement et sans compromettre l'avenir de son rucher; aussi le choix d'une ruche commode, propice, est un point pour lui de la plus haute importance, car le miel sera ce qu'est la ruche. Sans doute la ruche la plus commune pourra peser aussi lourd relativement que la ruche la plus étudiée, la plus rationnelle; mais la différence notable entre l'une et l'autre se manifestera surtout au moment de la production des essaims et de la récolte du miel. Toute ruche qui ne permet pas de faire facilement les essaims artificiellement, sans asphyxie, et de récolter les miels sans troubler les abeilles et sans détruire les provisions propres au couvain, est une ruche défectueuse qui ne tarde guère à décourager l'apiculteur au lieu de lui gagner des imitateurs.

La meilleure ruche est donc celle qui, plaisant d'ailleurs aux abeilles par sa forme conique, permet en même temps à leur possesseur de faire facilement toutes les opérations de l'apiculture : Inspection complète de la ruche à l'ouverture du printemps; alimentation prompte et facile lorsqu'il y a lieu; extension de la production par les essaims artificiels au jour dit et à la volonté de l'apiculteur, sans être obligé de monter la garde pendant plusieurs mois et de courir après ses essaims naturels; extraction facile du plus beau miel, aussi souvent qu'il convient, sans déranger les abeilles de leur travail et sans détruire un seul couvain ni des provisions de toutes sortes péniblement amassées; enfin, réunions instantanées en octobre, sans asphyxie ni chasse et sans nul combat des abeilles. Voilà des avantages bien peu connus en général, bien peu pratiqués et souvent impraticables avec bon nombre de ruches, avantages cependant bien désirables pour faire de l'apiculture une occupation aussi agréable qu'utile. Tel est le but que s'est efforcé de rechercher l'inventeur de la ruche l'Aumônière; et il a la conviction de l'avoir atteint par des observations minutieuses et des modifications successives; tels sont les moyens de réussite et de propagande apiculturale qu'il offre à ses collègues et à tous les amateurs d'abeilles que les vieilles et décourageantes routines avaient tenus à l'écart jusqu'à ce jour.

Ce petit traité, essentiellement pratique et spécial, divisé en cinq chapitres, et terminé par un calendrier apicole, approprié surtout à la conduite et à la direction particulière de la ruche l'Aumônière, leur fera saisir promptement les avantages de cette ruche, et les attirera sans peine vers la culture si intéressante et en même temps si avantageuse des abeilles.

CHAPITRE PREMIER

DESCRIPTION DE L'AUMONIÈRE, RUCHE A CADRES ET GRENIERS MOBILES.

La ruche à cadres et greniers ou triangles mobiles, dite l'*Aumônière*, du lieu de sa naissance, se compose de deux parties bien distinctes : *le bas*, ou corps de ruche, qui renferme douze cadres mobiles et indépendants les uns des autres, et *le haut*, ou greniers, composé de six ou douze triangles, suivant l'épaisseur des gâteaux que l'on veut obtenir.

Cette ruche, dans son ensemble et par son mode d'exploitation, ressemble assez bien à la ruche à calotte, dont elle possède tous les avantages, sans en avoir les inconvénients, comme nous le dirons plus loin, et qu'elle surpasse de beaucoup par la facilité des opérations, notamment pour l'extraction du miel à volonté et la formation des essaims artificiels, sans asphyxie ni tapotement. Bornons-nous pour l'instant à donner sa description, dont les détails sont rendus parfaitement intelligibles par les gravures ci jointes et les chiffres qui les accompagnent.

Article premier. — Le bas ou corps de ruche. Le corps

1.

de ruche (*pl.* 1re, n° 1) est un carré long, mesurant 0^m^,40 de long, sur 0^m^,29 de large et 0^m^,23 de profondeur, le tout à l'intérieur. Il importe que ce corps de ruche soit solidement établi, et même recouvert d'une couche de

Planche 1. Ruche à cadres et greniers mobiles, dite l'*Aumônière*.

peinture, pour résister aux variations de température souvent en opposition avec la température intérieure de la ruche, qui est très-élevée, surtout en hiver, comparativement avec l'air extérieur, puisque la température intérieure d'une ruche bien peuplée est toujours au moins de 24° centigrades au-dessus de 0. Aussi je me sers de planches en bois blanc de 0m,025 d'épaisseur, fortement clouées et bien jointes. Le placet lui-même, d'une épaisseur de 0m,02, rainé au milieu, est maintenu en dessous par deux traverses en chêne de 0m,05 carrés et solidement clouées. Ce placet n'est nullement cloué avec le corps de ruche ; mais il s'y relie par quatre pitons à vis, fixés sous le corps de ruche, et qui s'engagent, à chacun des angles du placet, dans une encoche de 0m,03 de long sur 0m,005 de large ; en sorte que, en tournant les pitons, la tête serre le fond contre la ruche ; et que, en les détournant seulement d'un quart de tour, le fond se sépare de la ruche et reste sur le pieu qui le supporte. Nous verrons les avantages de ce placet mobile dans le chapitre suivant.

Douze cadres, espacés les uns des autres à 0m,035 des points centres, reçus dans autant d'encoches de 0m,01 carrés, et maintenus à égale distance dans le bas, au moyen d'une crémaillère horizontale, complètent le corps de ruche, dont tout l'intérieur se trouve ainsi établi à distance voulue pour les gâteaux à couvain qui ont toujours de 0m,022 à 0m,024 d'épaisseur et pour les 0m,009 de passage entre chaque gâteau ; telle est la loi invariable des abeilles pour la région du couvain. C'est là la place forte de la ruchée, c'est là son centre d'action, puisque c'est là qu'est déposé le miel par chaque abeille qui revient des champs, que s'élève le couvain entouré du miel qui lui est propre, du pollen qui est la base de sa nourriture et du rouget qui compose la pharmacie domestique. Aussi est-il très-important de respecter cette partie du logement des abeilles et de chercher ailleurs, c'est-à-dire dans les greniers, le butin qu'on désire leur enlever.

Un petit placet, légèrement incliné, reçoit les abeilles à leur arrivée des champs. Il forme prolongement du fond de 0m,10 environ, et doit avoir au moins la largeur de l'entrée. Il est cloué contre le fond de la ruche, à fleur du placet, devant une porte d'entrée entaillée au bas du corps de ruche, soit dans l'un des bouts, soit sur un des côtés. Cette entrée a $0^{m},10$ de long sur $0^{m},007$ de haut; cette hauteur de $0^{m},007$ suffit pour le libre passage des abeilles chargées, et ne permet pas aux limaces, souris, musareignes, lézards, etc., de pouvoir pénétrer dans la ruche.

Article 2. — Greniers ou triangles mobiles. Sur ce corps de ruche garni de ses cadres (*pl.* 2, n° 3), on étend, bien appliquée, une toile cirée (grosse toile trempée dans du pied de cire en ébullition), qui ferme hermétiquement la ruche par le haut et établit les abeilles et le couvain, comme sous une voûte de cave, surtout si l'on a soin de charger cette toile de quelques poignées de terre ou de sable sec. Le couvain, tenu ainsi plus chaudement, n'en prospère que mieux. C'est sur cette toile que s'établissent, pour compléter la ruche, les greniers ou triangles mobiles dont nous allons parler (*pl.* 1re, n° 2).

Pour recevoir le grenier (*pl.* 2, n° 5), le fermer et le fixer solidement sur le corps de ruche, il faut deux pignons (*pl.* 2, n° 2), retenus fortement au corps de ruche par quatre gonds à vis à chacun des angles et garnis d'encoches, dans lesquels s'engagent les quatre ressorts en fil de fer (*pl.* 2, n° 1). Ces ressorts sont destinés à serrer les uns contre les autres les greniers ou triangles (*pl.* 1re, n° 2), appliqués sur le corps de ruche, et maintenus à un écartement égal par deux petites baguettes, fixées par trois petits pitons sur ce même corps de ruche. Le grenier mobile peut, à volonté, s'enlever tout d'une pièce avec les pignons et les ressorts, ou se démonter pièce par pièce (*pl.* 2, n° 4), suivant les opérations que l'on a à faire, comme nous aurons occasion de le dire plus loin, en parlant de la formation de l'essaim artificiel et de la récolte partielle du beau miel. Un par-dessus enveloppe cette ruche et la préserve entièrement, soit des pluies, soit du

Planche 2. Pièces diverses de la ruche à cadres et greniers mobiles.

grand soleil. Ce par-dessus est fait en paille de seigle brisée au milieu, et fortement serrée sous un faîtage en bois, par une baguette clouée de distance en distance contre ce faîtage, puis maintenue, dans toute sa circonférence, par un fil de fer galvanisé, contre lequel la paille se trouve cousue, au moyen d'une ficelle, par un point de paillasson.

La ruche est ainsi complète et toute prête à recevoir, soit un essaim naturel, la première année qu'on l'exploite, soit un essaim artificiel, les années suivantes. Nous verrons, dans les chapitres suivants, la grande utilité de la toile cirée dont nous avons parlé, et des greniers qui la surmontent.

CHAPITRE DEUXIÈME

AVANTAGES DE LA RUCHE A CADRES ET GRENIERS MOBILES POUR LES AMATEURS D'ABEILLES.

Il est bien certain que le grand obstacle à la propagation de la culture des abeilles, pourtant largement rémunératrices, c'est le temps qui manque pour en prendre soin, et le temps manque parce que les procédés généralement suivis en France sont défectueux, en ce sens qu'ils nécessitent des soins assidus, des fatigues notables, et surtout la présence presque continuelle près du rucher, pendant plusieurs mois de l'année, de la part de l'apiculteur chargé de veiller à la sortie des essaims et de les recueillir, de faire les chasses en juillet, et les réunions en octobre; d'où il arrive qu'on ne rencontre guère, dans nos départements, que de rares possesseurs d'abeilles qu'on n'oserait appeler des apiculteurs, parce que toute leur science apiculturale consiste à courir après les essaims, à les recueillir pour les mettre en place au rucher et à étouffer quelques paniers à l'automne, pour les vendre à l'épicier de la contrée, complice intéressé d'une telle ineptie et d'un pareil forfait.

Et encore, cette mince besogne ne peut être acceptée par tous ceux qui désirent avoir des abeilles, parce que, comme ils vous le disent avec raison, les travaux qui les appellent aux champs à la saison des essaims, ou qui les clouent au bureau de leurs affaires une partie de la journée, ne leur permettent pas de rester là, pour surveiller la sortie de leurs essaims, *et la récolte des essaims est le bénéfice le plus clair de l'apiculteur*. En sorte que la culture des abeilles, en France, est le partage de quelques praticiens exclusifs, qui font la chose en grand et souvent aussi sont des destructeurs d'abeilles en grand, suivant en cela les errements de leurs pères, ou bien de quelques particuliers qui ne prennent aucun soin de leurs abeilles, n'en tirent presque aucun profit et se lassent bien vite d'une possession sans bénéfice, qui a été pour eux une affaire de goût passager; si toutefois les abeilles, mal soignées, ne sont pas les premières à les abandonner, par un dépérissement annuel et leur disparition totale d'un enclos qui leur était si inhospitalier.

Combien, en effet, de possesseurs d'abeilles qui ne font jamais la visite intérieure de leurs paniers au printemps, qui négligent la taille de leurs cires; qui laissent leurs ruches se remplir de vieux miel granulé et de rouget suranné; qui perdent beaucoup d'essaims, même primaires, faute de surveillance, ou faute de temps; qui n'enlèvent pas la surabondance du beau miel, en juin, pour doubler l'activité de leurs abeilles; qui ne savent pas rendre un essaim secondaire à la mère, pour l'empêcher de s'affaiblir et souvent de dépérir entièrement; qui ignorent le moyen de limiter le nombre des bourdons, dont la présence prolongée est souvent une ruine pour la ruchée la plus active; qui ne se doutent pas même qu'on peut récolter du beau miel, sans couvain, ni rouget; qui perdent enfin de magnifiques populations, en automne, par l'étouffage de milliers d'abeilles qu'ils pourraient conserver pour l'année suivante, sans augmenter pour cela le nombre de leurs ruches, puisque des réunions faites avec intelligence leur auraient procuré de fortes populations, des jeunes reines vigoureuses, et, par là même, de fortes récoltes l'année suivante.

En général, ce n'est pas le miel qui manque dans nos vergers et nos riches campagnes tapissées de prairies artificielles, ce sont les abeilles pour le recueillir et des ruches commodes et attrayantes, tant pour le loger que pour s'en emparer ensuite. Chaque canton, en France, pourrait avoir dix possesseurs d'abeilles, ayant chacun de cent à deux cents ruches, sans se nuire l'un à l'autre, et beaucoup de communes, où se pratique la grande culture fourragère, pourraient avoir quatre à cinq cents ruches très-prospères. Mais il faut une bonne méthode de culture des abeilles, encourageante et pas trop pénible; il faut que ce travail n'absorbe pas un temps considérable, souvent impérieusement réclamé par d'autres soins de position et de première nécessité. Il faut que le temps consacré aux abeilles soit presque un délassement assez largement rémunérateur.

La ruche l'*Aumônière* a-t-elle toutes ces qualités? présente-t-elle tous ces avantages? Nous le croyons, et, après l'avoir expérimentée longuement, nous l'affirmons : avec la ruche à cadres et greniers mobiles, que nous présentons aux amateurs d'abeilles, l'apiculture devient un passe-temps aussi agréable que fructueux. Fructueux, parce qu'il est possible de recueillir le plus beau miel dans la partie supérieure de la ruche, sans déranger ni retarder le travail des abeilles, attendu qu'on n'attaque nullement le bas de la ruche et qu'on ne porte ainsi aucun préjudice ni au couvain ni à ses provisions. Agréable, parce que le possesseur d'abeilles n'a, pour ainsi dire, qu'à se baisser et à prendre des provisions du plus beau coup d'œil, de la plus agréable saveur et toujours de première qualité, sans avoir à les trop disputer aux abeilles qui abandonnent assez volontiers et presque sans fumée les rayons qui ne contiennent point de couvain, ne compromettent point son existence et ne sont pas même dans sa région ; ce qui arrive toujours, lorsque les greniers ont été livrés aux abeilles en temps favorable, c'est-à-dire au commencement de la grande miellée.

CHAPITRE TROISIÈME

MANIÈRE DE SE SERVIR HABILEMENT DE LA RUCHE A CADRES ET GRENIERS MOBILES.

Trois époques de l'année sont surtout importantes pour ceux qui se livrent à la culture des abeilles : le *printemps*, qui appelle tous leurs soins pour une bonne préparation des logements, d'où dépendent l'incubation et l'éducation prospères du couvain ; l'*été*, qui doit leur offrir un miel pur, abondant, recueilli sans fatigue et sans aucun sacrifice de couvain ; et l'*automne*, qui les appelle à faire des réunions doublement avantageuses, et sous le rapport d'une seconde récolte de miel, quelquefois encore bien abondante, et sous le rapport de la conservation des abeilles, source de prospérité pour l'année suivante, et qui n'ont nullement mérité, comme prix de leurs travaux, de mourir par le soufre. Et remarquons que tous ces soins permettent à l'apiculteur de se livrer, d'ailleurs, à ses occupations ordinaires, parce qu'il peut toujours, avec ma ruche, choisir ses moments favorables et ses heures de loisir, pour s'occuper de ses chères abeilles.

Entrons dans les détails : *au printemps*, par une belle journée de fin de mars, il enlève tous les greniers qui, alors, ne contiennent plus ou presque plus de miel, et qui ne se composent que de cire parfaitement propre et bien conservée. Ce sont des bâtisses précieuses que nous replacerons sur les ruches, au moment de la miellée, après l'éducation du couvain, sous la toile dont nous avons parlé, et la formation des essaims artificiels. Pour le moment, en enlevant nos greniers, donnons un coup d'œil rapide dans l'intérieur de la ruche pour enlever les moisissures, s'il y en a ; enlevons un cadre vers le milieu pour nous assurer que la reine a recommencé sa ponte, signe de prospérité. Si l'inspection de ce cadre et de un ou deux autres du centre ne nous révèlent aucune trace de couvain, c'est une preuve évidente que cette ruchée n'a plus de reine ou ne possède qu'une reine caduque et incapable de faire prospérer la ruche. Il faut juger alors si cette ruchée doit être réunie à une autre, ou si, à raison de sa belle cire et de sa forte population, il convient mieux de la conserver et de la sauver, en lui donnant un cadre d'une ruche voisine, contenant du couvain de reine ou au moins du jeune couvain d'abeille de moins de trois jours, avec lequel elles feront une reine, et, dans ce cas, il vaut mieux attendre le commencement d'avril pour faire cette opération, en marquant la ruche, afin que la naissance de la jeune reine coïncide avec la sortie des premiers bourdons. Si la présence d'un couvain déjà nombreux nous a donné l'assurance que nous possédons une bonne ruchée, dans l'intérêt de la prospérité de ce jeune couvain qui va augmenter désormais rapidement, appliquons de suite sur cette ruche et ainsi sur les autres, au fur et à mesure de leur inspection, la toile cirée dont nous avons parlé. Chargeons même cette toile cirée d'une couche de sable sec, pour l'appuyer régulièrement sur les cadres, afin d'élever ainsi la température de la ruche et d'avancer l'époque de la formation des essaims artificiels ; ce sera également économiser le temps des abeilles, qui propolisent peu contre les cadres une toile qui y est bien appliquée.

Les greniers peuvent être alors à volonté ou replacés sur la ruche pour éviter l'embarras et les avoir un peu plus tard sous la main, ou transportés au magasin pour y être empilés soigneusement et à l'abri du papillon fausse-teigne. Il ne reste plus qu'à remettre le paillasson sur cette ruche et à passer à une autre.

Vers le 15 mai au plus tard, suivant la température, nous revenons à nos ruches, dont la population a considérablement augmenté ; l'entrain est magnifique. Tout, dans le rucher, offre un aspect de prospérité, d'activité, de gaieté même ; les abeilles, par leur agitation générale, se disposent à l'essaimage naturel, époque de rude besogne pour l'apiculteur, qui va être désormais, et pour plusieurs semaines, cloué à son rucher. Prévenons-les, c'est le moment pour la formation des essaims artificiels, dont nous allons exposer aussi clairement que possible le mode d'opération.

A la première belle journée de mai, attaquons d'abord les ruches qui font la barbe : elles ont trop de population et se trouvent trop à l'étroit dans leur demeure où les reines sont caduques et ne peuvent s'envoler; deux raisons de les aborder les premières. Ayons, à côté de nous, une ruche bien munie de toutes les pièces nécessaires, surtout pour le corps de ruche : cadres, toile, sable et paillasson. Tenons cette ruche toute prête, ouverte par le haut et garnie de tous ses cadres, à l'exception de trois absents au milieu; faisons en sorte, autant que possible, que le quatrième et le huitième cadres soient munis d'une belle bâtisse et même d'un peu de miel. La voilà toute prête à recevoir l'essaim artificiel. Abordons la ruche qui doit le fournir, découvrons-la et arrivons jusqu'à la toile cirée; saisissons, par côté de la ruche et non par un bout, et enlevons prestement, mais sans secousse, cette toile adhérente aux cadres. Projetons alors un peu de fumée, surtout dans les cadres du devant de la ruche, pour maintenir la reine au milieu et calmer les abeilles; retirons sans secousse un premier cadre vers le milieu, un peu en avant, pour couper la retraite à la reine; inspectons, pour voir si la reine y est ; nous l'apercevrons facilement. Ne perdons pas de temps, déposons-le dans la ruche nouvelle, retirons vite un second cadre, inspectons-le de même, et enfin un troisième. Un coup d'œil d'inspection rapide nous a fait connaître : 1° si nous avons la reine que l'on voit facilement circuler sur les abeilles et cherchant à se cacher; 2° si nous avons au moins un alvéole de reine déjà operculé, car il faut que nous obtenions l'un ou l'autre, *mais seulement l'un ou l'autre sur l'un des trois cadres*. Il est toujours préférable d'avoir la reine; si nous ne l'avons pas encore, ne perdons pas tout espoir; nous pouvons l'apercevoir en rapprochant les cadres de l'arrière pour garnir le centre, car c'est en arrière qu'il faut mettre les cadres vides pour compléter la ruche. Si, en inspectant ces cadres, nous apercevons la reine, faisons-la tomber dans les trois cadres de l'essaim artificiel. Fermons alors la ruche mère, sans toile et avec tous les greniers, bouchons même la porte d'entrée, avec une bonne poignée de terre, et mettons-la de côté. Établissons tout aussitôt l'essaim artificiel à la place de la mère, afin que les ouvrières qui reviennent des champs puissent y entrer.

Nous inspectons alors de nouveau chacun des trois cadres pour détruire tous les alvéoles de reine, si nous avons la reine dans cet essaim ; car, ce serait tout le contraire qu'il faudrait faire, si nous n'avions pu la saisir, parce que, pour bien réussir à faire un essaim artificiel, *il faut qu'il ne reste point d'alvéole de reine, où se trouve la reine, soit dans l'essaim artificiel, soit dans la ruche mère.* Autrement on aurait un essaim naturel quelques jours plus tard ; mais, nous le répétons : le moyen de réussir *infailliblement*, pour l'essaim artificiel, *c'est d'avoir la reine.* Après cette inspection, étendons la toile sur les cadres, chargeons-la de sable, recouvrons-la du paillasson et passons à une autre ruche pour opérer de même, après avoir toutefois marqué, par un petit rameau quelconque, celle de nos deux ruches qui possède la reine, afin de leur assigner une place définitive à la fin du jour. Or, sur ce point, voici le principe duquel il n'est pas permis de s'écarter pour bien réussir : *Il faut que la reine mère change de place.* Si donc la reine mère n'a pas été enlevée de sa ruche, ce qui est toujours regrettable, parce que le succès est douteux, il faut que cette ruche soit portée à l'extrémité du rucher, et, à la fin du jour, la liberté de sortir est rendue aux abeilles. Si, au contraire, la reine a été aperçue sur l'un des trois cadres et se trouve par conséquent dans la nouvelle ruche, c'est cette nouvelle ruche qui passe à l'extrémité du rucher, à la fin du jour, et la ruche mère reprend sa place habituelle. Les abeilles resteront désormais dans leur ruche respective, par la raison bien simple que les abeilles qui accompagnent la reine ne l'abandonneront pas, et que, d'autre part, les abeilles qui auront passé la nuit dans leur ruche à leur place ordinaire y resteront également. Mais dans laquelle des deux ruches est-il à souhaiter que se trouve la reine mère? évidemment, c'est dans celle de l'essaim artificiel, parce que : 1° la ruche mère n'ayant plus de reine pondeuse, mais seulement une reine au berceau, s'occupera presque exclusivement à ramasser du miel et deviendra très-lourde; parce que : 2° la reine mère, à la tête de la jeune colonie, s'occupera très-activement de la ponte pour accroître sa population nouvelle.

Ce n'est guère que dix ou douze jours après la formation de l'essaim artificiel, qu'il faut enlever la toile qui le recouvre et y établir les greniers. Les praticiens se rendront parfaitement compte de cette manière d'opérer. Ils comprendront également très-bien pourquoi il est à propos de visiter, après le même laps de temps, celle des deux ruches qui a conservé la reine mère, afin de détruire une seconde fois tous les alvéoles de reine et d'empêcher ainsi la sortie d'un essaim secondaire qui ne pourrait qu'affaiblir la ruche et quelquefois même la ruiner entièrement.

Cependant le mois de juin arrive, et les abeilles, fortifiées et bien établies dans chaque ruche, profitent de la grande miellée pour rapporter au logis, avec une incroyable activité, les abondantes richesses que leur offre la saison des fleurs les plus mellifères. Et en juillet, l'heureux possesseur d'un rucher prospère réalise ses espérances, en enlevant les greniers copieusement remplis du plus beau miel.

Seulement, ses intérêts bien entendus exigent qu'il ne soit pas trop avide et qu'il n'enlève pas tous les greniers à la fois, mais qu'il en laisse au moins un ou deux par ruche, les moins avancés, afin que les abeilles, dont l'ascension continuera à être favorisée par ces sortes d'échelles, puissent continuer à fréquenter les greniers et souvent à les remplir de nouveau, si l'année est bonne et la saison du mois d'août favorable. Ici la ruche à cadres et greniers mobiles a un avantage bien marqué sur les ruches à calotte, et, en général, sur toutes les ruches à compartiments, mais à rayons fixes, qui ne permettent pas d'enlever facilement, et séance tenante seulement, une partie des produits de choix ; il faut enlever la calotte ou le compartiment tout entier et les remplacer par d'autres entièrement vides, ce qui contrarie le travail des abeilles et souvent même les empêche de remonter dans ces nouveaux logements, où il y a tout à faire.

Enfin l'automne arrive, et l'apiculteur va faire une nouvelle récolte, sinon aussi abondante, du moins aussi simple, aussi facile que la première; avec cette circonstance très-appréciable que cette seconde récolte à l'automne lui présente trois avantages précieux : celui de récolter miel et cire ; celui de faire magasin de cadres et de greniers pleins pour la nourriture des populations nécessiteuses au sortir de l'hiver ; et enfin celui de se procurer une belle provision de bâtisses de cire vide, tant pour accompagner les cadres d'essaims artificiels au printemps que pour meubler de cire vide les greniers, au moment de la grande miellée, ce qui fait la fortune du Gâtinais.

Mais nous sommes en automne ; les derniers beaux jours de la saison nous invitent à faire nos réunions et à équilibrer le poids de nos ruches pour l'hiver. Faisons donc ces réunions qui suppriment si avantageusement l'étouffage ;

mêlons pacifiquement nos abeilles, sans asphyxie momentanée, sans sel de nitre, sans tapotement ; et, au lieu d'étouffer cruellement nos plus belles populations, réunissons-les à la même table, dans un même logis qu'elles tiendront plus chaudement à la faveur du grand nombre, presque sans augmenter la consommation, et nous en recevrons la récompense au printemps suivant.

Nous avons fait à l'avance notre choix, nous avons marqué toutes les ruches que nous voulions supprimer, à raison de l'âge de la cire, de la faiblesse de la population ou de la caducité de la reine ; nous avons consacré la première quinzaine de septembre à les rapprocher graduellement, tout près de celles qui doivent les recevoir et leur donner l'hospitalité. Le moment d'opérer est arrivé : la seconde quinzaine du mois, ainsi que les premiers jours d'octobre doivent être employés à ce soin.

Or, voici comment nous procédons : commençons par enfumer copieusement à la fumée de chiffons et jusqu'à parfait bruissement, les deux ruchées rapprochées et qui doivent n'en faire qu'une seule ; puis, débarrassons de son grenier, de ses gonds à vis et de ses pignons, ainsi que de ses deux petites baguettes latérales, celle qui est à supprimer ; couvrons-la d'une serviette pour un moment, ou, si on est deux pour opérer, pendant ce temps, les quatre pitons de celle qui est à conserver ont été enlevés ; elle est séparée de son placet et posée de suite sur celle qui est à supprimer, de telle sorte que nos deux ruches, qui sont exactement du même calibre, n'en font plus qu'une seule. Mastiquons tout le contour, même la porte de celle du haut, de manière à ce que toutes les abeilles soient obligées de sortir et de rentrer par l'unique porte du bas. C'est la réunion par superposition.

Les deux ruches peuvent rester dans cet état, soit de

vingt à vingt-cinq jours, pour laisser au couvain de celle du bas le temps d'éclore entièrement, soit même tout l'hiver, si on le préfère; il ne reste plus qu'à chasser les quelques abeilles qui se trouvaient dans le grenier, au moment où on l'a enlevé de dessus la ruche à supprimer, au moyen du fil de laiton qu'on a fait courir entre les cadres et les greniers, en opérant par côté et non pas d'avant en arrière, ce qui blesserait beaucoup d'abeilles. Il est facile de les expulser, soit en divisant les greniers, si elles sont nombreuses, soit en les chassant avec une barbe de plume, s'il n'en reste que quelques-unes; mais toujours devant et près la porte de la ruche, parce que ce sont souvent de jeunes abeilles qui ne rentreraient pas sans cette précaution. Elles feront d'autant moins de difficulté de rentrer à la ruche que, pendant l'opération, elles se sont gorgées de miel en cicatrisant les déchirures que le laiton avait faites au bas des gâteaux. Lorsque, plus tard, on enlèvera la ruche du bas, pour la supprimer, on la posera devant celle qui reste, on en extraira chaque cadre séparément, et, avec une barbe de plume, on époussettera, pour ainsi dire, les quelques abeilles qui y paraissent encore, et elles rentreront, au fur et à mesure, dans la ruche commune. Cette précaution est à peu près superflue, si la ruche du bas n'est supprimée qu'après l'hiver.

Si la réunion se fait par le mélange immédiat, ce qui demande un peu plus de temps, mais dispense d'y revenir à deux fois, voici la manière d'opérer : on aborde les deux ruches à réunir et qui ont été préalablement rapprochées à cet effet ; on gratifie les abeilles de quelques bouffées de fumée jusqu'à parfait bruissement et on commence par ouvrir et préparer la ruche à conserver : on retire d'abord chaque grenier séparément, en époussetant les abeilles avec une barbe de plume et en les refoulant toujours à l'aide de la fumée dans l'intérieur des cadres vers le devant de la ruche. Puis on enlève séparément quatre à cinq cadres de l'arrière de la ruche que l'on débarrasse également des abeilles, et que l'on cache derrière soi dans une ruche ou un panier sous une serviette ; une seconde serviette est appliquée également sur cette ruche. On passe de suite à celle que l'on veut supprimer ; on enlève de même greniers et cadres séparément, en massant les abeilles au moyen de la fumée sur les quatre ou cinq derniers cadres qui restent dans cette ruche ; c'est le moment de réunir : on découvre alors la ruche à conserver, dans laquelle on introduit aussitôt sans secousse les quatre ou cinq cadres restés dans la ruche à supprimer et sur lesquels sont groupées toutes les abeilles, puis on fait tomber avec une simple plume d'oie sur les cadres de la ruche à conserver, qui se trouve ainsi complétée, tous les groupes d'abeilles restées dans les angles, et qui ne sont autres que le jeune couvain nouvellement éclos. On ferme complétement cette ruche même avec le grenier qui a pu être conservé d'une seule pièce, on lui donne assez largement un dernier coup de fumée et la réunion est faite. Il ne reste plus qu'à transporter au magasin la dépouille de ses ruches, et à en disposer comme nous l'avons dit ailleurs, soit pour extraire le miel, soit pour conserver des bâtisses pleines et des bâtisses vides, dont on tirera le parti le plus avantageux au sortir de l'hiver.

CHAPITRE QUATRIÈME.

FABRICATION DE LA RUCHE A CADRES ET GRENIERS MOBILES.

On a dit souvent : La meilleure ruche est celle que l'on connaît le mieux et avec laquelle on s'est pour ainsi dire familiarisé. Cela peut être vrai en général, mais à la condition cependant que cette ruche ne s'opposera pas matériellement aux améliorations que l'exercice habituel de la culture des abeilles peut rendre possibles. Ainsi il est bien certain que la ruche tronc d'arbre ou même la ruche villageoise, si longtemps à la mode, ne pourraient plus, aujourd'hui que les miels sont si bien présentés, prétendre prendre rang parmi les meilleures ruches, c'est-à-dire les plus favorables pour la récolte du miel surfin.

S'il est donc essentiel en apiculture de bien connaître sa ruche et toutes les ressources qu'elle peut présenter pour une exploitation facile et avantageuse, il ne l'est pas moins de posséder une bonne ruche qui facilite toutes les conditions possibles d'amélioration et de succès; et le meilleur moyen, sans contredit, d'arriver à ce but est, après qu'on a fait choix d'une bonne ruche, d'en fabriquer soi-même de semblables. Chaque pièce devient alors l'objet d'une étude spéciale ; les ressources qu'elle présente sont mieux appréciées, et souvent c'est en fabriquant sa ruche qu'on est conduit, par relations d'idées, à y apporter des modifications qui, légères en apparence, produisent cependant les plus heureux résultats, et constituent véritablement les bases d'une méthode rationnelle.

Voilà pourquoi je conseille fort à un véritable amateur d'abeilles de construire lui-même ses ruches et de se rendre bien compte, en les construisant, de l'utilité, des avantages et des commodités d'exploitation que peut avoir chacune des parties qui la composent. Et n'allez pas dire : je ne sais pas tenir un outil, je ne saurais conduire une scie, un rabot ; vous l'apprendrez en vous en servant : la nécessité et la volonté persistante rendent industrieux, et ici l'apprentissage lui même a ses charmes. Je pourrais vous citer tel ouvrier passé maître qui, il y a quelques années, ne savait ni affûter ni monter un rabot, une varlope, et encore moins s'en servir adroitement, et qui aujourd'hui pourrait défier les plus habiles.

D'ailleurs, rien n'est plus intéressant que ce travail qu'on peut appeler un agréable délassement, d'autant plus que les inventions nouvelles pour le sciage des bois permettent de faire débiter à très-peu de frais, toutes les grosses pièces dont la préparation pourrait occasionner quelques fatigues pour des bras peu exercés à ce genre de travail. Il ne reste plus qu'à ajuster ses pièces et à les assembler suivant l'usage et la précision qu'elles doivent avoir, et c'est en procédant à ce travail préparatoire que l'apiculteur jouit déjà par avance des résultats qu'il se propose d'obtenir. C'est dans l'espoir que les amateurs de la ruche à cadres et greniers mobiles voudront la construire eux-mêmes pour leur usage que je vais leur donner tous les détails possibles qui les dirigeront aisément dans sa fabrication. C'est là un petit travail de menuiserie fort intéressant et un exercice de corps très-salutaire, surtout pendant la saison d'hiver ; c'est aussi une dépense très-modérée, puisque, tout bien calculé, les frais, non compris la main-d'œuvre, pour une ruche complète, ne montent pas à plus de *deux francs cinquante centimes*. Ce prix est à peu près celui des paniers bien conditionnés, et, fût-il un peu plus élevé, la différence est largement compensée par la solidité, la durée de la ruche, la beauté des produits et la facilité d'exploitation.

FABRICATION ET DÉPENSE.

Pour le fond mobile du corps de ruche : planche bois blanc, de 0m,02 d'épaisseur sur 0m,18 de large, à 0 fr. 25 c. le mètre. Deux largeurs rainées et réduites donnent 0m,35 de large sur 0m,45 de long. Une planchette devant l'entrée, de même épaisseur et de 0m,20 de long en arrière, réduite à 0m,10 en avant et 0m,10 de profondeur, complète ce fond dont la solidité est assurée par deux tringles en chêne clouées en dessous de 0m,03 carrés sur 0m,32 de long, à 0 fr. 20 c. le mètre. Aux quatre angles de ce fond, dans le sens du bois et à 0m,01 du bord, on pratique une encoche de 0m,03 de profondeur sur 0m,005 de largeur, pour donner passage aux quatre pitons à vis dont il a été parlé dans le chapitre premier.

Pour le corps de ruche : planche bois blanc, de 0m,025 d'épaisseur sur 0m,24 de large à 0 fr. 38 c. le mètre. En tirer deux pour les côtés ayant juste 0m,22 de largeur sur 0m,45 de long et bien d'équerre ; puis deux bouts de même épaisseur ayant juste 0m,25 de long sur 0m,23 de large et également bien d'équerre. Clouer ensemble les quatre planches, affleurant parfaitement par le bas et de manière à ce que le carré de ce corps de ruche présente dans œuvre 0m,40 de long sur 0m,29 de large, et 0m,22 de haut sur les côtés, et $0^m,23$ des deux bouts. La différence de 1 centimètre en moins sur les côtés sera complétée par les deux baguettes ci-après.

Deux baguettes de $0^m,01$ juste d'épaisseur sur $0^m,025$ de large et $0^m,45$ de long, complètent la hauteur des côtés et par là même régularisent la hauteur du corps de ruche. Ces deux baguettes ont chacune douze encoches éloignées les unes des autres à $0^m,033$ des points centres et de $0^m,01$ juste carré. Elles servent à recevoir les douze cadres qui viennent s'y noyer parallèlement. Or, voici comment on obtient promptement et facilement ces baguettes à douze encoches : on prend une planche de $0^m,45$ de long sur $0^m,24$ environ de large. On la blanchit convenablement d'un côté ; on trace à plat, au compas et au crayon, en travers de la planche, les douzes encoches de $0^m,01$ de large, de manière à ce que le milieu de chaque encoche se trouve juste à $0^m,033$ du milieu de l'encoche suivante, et ainsi de suite. Sur chaque ligne de crayon on enfonce un trait de scie de $0^m,01$ de profondeur ; on évide ensuite au ciseau toutes ces encoches à $0^m,01$ juste de profondeur, puis on débite cette planche dans le sens de sa longueur à $0^m,01$ 1/2 environ d'épaisseur, et on obtient ainsi dix-huit ou vingt baguettes à douze encoches qu'un coup de varlope réduit facilement à $0^m,01$ juste d'épaisseur. On cloue une de ces baguettes de chaque côté du corps de ruche, et on obtient une régularité parfaite pour la hauteur. Il est important que les encoches soient bien en regard les unes des autres et également espacées dans les deux bouts de la ruche.

Pour les cadres qui garnissent le corps de ruche : 1° un panneau sapin, de $0^m,01$ d'épaisseur sur $0^m,22$ de large à 0 fr. 30 c. le mètre. Tracez à l'équerre des longueurs de $0^m,31$ juste qui, au débit, vous donnent au moins dix-huit baguettes de $0^m,01$ carré sur $0^m,31$ de long pour les traverses du haut de chaque cadre. 2° Un panneau chêne, de $0^m,01$ d'épaisseur sur $0^m,20$ de large, à 0 fr. 20 c. le mètre. Tracez à l'équerre des longueurs de $0^m,21$ juste qui, au débit, vous donnent environ dix-huit baguettes de $0^m,01$ carré sur $0^m,21$ de long pour les côtés des cadres. Tracez également à l'équerre sur le même panneau des longueurs de $0^m,255$ juste qui, au débit, vous donnent environ dix-huit baguettes de $0^m,01$ carré sur $0^m,255$ de long, pour les traverses du bas des cadres. Clouez vos baguettes de côté sous la traverse du haut en sapin (pl. II, n° 3) environ à deux centimètres des bouts ; clouez ensuite ces deux montants contre la traverse en chêne du bas, en laissant dépasser les montants de 1/2 centimètre, et vous avez un cadre. Il est bon d'amincir en biseau le dessous de la traverse du haut, pour obliger les abeilles à fixer leur gâteau au milieu de cette traverse.

Crémaillère horizontale : pour donner, aux douze cadres qui composent une ruche, le même écartement dans le bas que dans le haut, ce qui est important pour que le gâteau d'un cadre en descendant ne s'arrête pas sur le cadre voisin, on fixe dans le bas de la ruche, sous les cadres et non sur le placet, une crémaillère horizontale à douze encoches, correspondant exactement avec les encoches du haut, et dans lesquelles viennent se noyer les traverses du bas des cadres, à leur point milieu. On obtient ces crémaillères au moyen d'une planche de sapin de $0^m,02$ d'épaisseur sur $0^m,22$ de large et $0^m,42$ de long, et en procédant absolument de la même manière que pour les baguettes à douze encoches dont nous avons parlé, ce qui, au débit, donne dix-huit à vingt crémaillères d'un $0^m,01$ d'épaisseur.

Deux pignons de $0^m,02$ environ d'épaisseur sur $0^m,36$ de long à la base, et 0^{m},02 au sommet sur 0^{m},16 de haut, servent à fermer les greniers dont nous allons parler. Ces deux pignons sont solidement maintenus sur le corps de ruche par quatre gonds à vis aux angles, et peuvent en être séparés par un quart de tour de ces gonds à vis, lorsqu'il en est besoin. De plus ces deux pignons présentent quatre encoches de 0^{m},01 de profondeur, dans lesquelles s'engagent les quatre fils de fer à ressorts (pl. II, n° 1) qui maintiennent et serrent les greniers. (Pl. I, n° 2.)

Pour les triangles ou greniers (pl. II, n° 4) : un panneau sapin, de 0^{m},01 d'épaisseur sur 0^{m},22 de large, à 0 fr. 30 c. le mètre. Tracez à l'équerre des longueurs de 0^{m},44 qui, au débit, donnent soit trois bandes, si les greniers doivent avoir 0^{m},066 de large, soit six bandes, si on désire n'avoir des greniers que de 0^{m},033 de large. Chaque bande de 0^{m},44 de long est sciée transversalement et d'onglet sur un calibre vers le milieu, de manière à donner un bout de 0^{m},225 de long et l'autre de 0^{m},215, lesquels cloués ensemble donnent un grenier ou triangle présentant 0^{m},31 d'ouverture à sa base, 0^{m},225 de longueur des côtés, et 0^{m},15 de hauteur. (Pl. II, n° 5.) Six ou douze de ces greniers, suivant l'épaisseur des gâteaux que l'on désire obtenir, sont placés sur le corps de ruche entre deux petits tasseaux pour maintenir et régler l'écartement; ils sont enserrés entre les deux pignons par les ressorts (pl. I, n° 2) et la ruche est complète.

CONCLUSION

Ma ruche l'*Aumônière* obtiendra-t-elle les sympathies des amateurs auxquels je la recommande? Mon attrait pour les abeilles et mon désir d'être utile aux véritables apiphiles me font souhaiter vivement que leurs suffrages favorables, après essais, viennent s'adjoindre à ceux que j'ai déjà obtenus et qui sont pour moi d'un grand prix, parce qu'ils sont tombés de la plume de véritables appréciateurs qui, à raison de leur âge vénérable, de leur longue expérience et de l'essai de bien des systèmes, sont éminemment aptes à porter un jugement solide et concluant.

Or, voici ce que daignait m'écrire M. de la F... père, à Redon (Ille-et-Vilaine), à la date du 10 octobre 1865 : « M. l'abbé, vous avez bien réellement trouvé ce que « je cherchais inutilement depuis longtemps avec tant « d'autres confrères, à savoir : le moyen de disposer les « abeilles à nous permettre de jouir de leur miel pur et « sans mélange. La ruche à calotte en avait approché de « très-loin; mais elle doit pâlir devant l'*Aumônière*..... « Dans mon opinion, je crois que vous avez devancé tous « les autres apiculteurs. Je doute que les chercheurs à « venir trouvent mieux. Vous avez appris au grand nom- « bre les véritables distances à observer entre chaque « cadre. Jusqu'ici je n'ai rien vu qui approchât de votre « ruche; vous avez joint l'utile à l'agréable. »

M. Naquet fils, de Beauvais, apiculteur plein d'ardeur

et l'un des exposants au Champ de Mars, m'écrivait tout récemment, le 27 mars 1867 : « M. l'abbé Sagot, j'ai essayé votre ruche comparativement avec la ruche à hausses; elles ont donné le même résultat pour les produits. D'où je conclus que la vôtre est supérieure, parce que l'on peut extraire chaque rayon sans déranger les abeilles. »

A ces appréciations si nettes et si claires, à ces éloges si bien sentis et si flatteurs pour moi, je pourrais ajouter ceux qui m'ont été adressés également des départements du Finistère, de la Côte-d'Or, du Tarn et même de l'étranger; mais je préfère terminer en citant un fait de mon voisinage, qui sera comme l'épisode final de mon petit travail. Un brave homme, d'une commune très-voisine de celle que j'habite, possède des ruches depuis plus de quarante ans. Il aime de passion les abeilles; c'était au milieu de ses abeilles qu'il cherchait toujours ses plus agréables délassements après les dures fatigues auxquelles l'assujettissait son état de maître charpentier. Mais ses jouissances n'étaient pas sans épreuves bien amères : s'il savourait les plus vives satisfactions en doublant le nombre de ses ruches au moment de la sortie des essaims, son cœur se serrait péniblement lorsqu'à l'automne l'épicier de la ville voisine, venant soulever ses ruches pour en connaître le poids, lui remettait un certain nombre de mèches de soufre, avec la recommandation d'être lui-même, à tel jour désigné, le bourreau de ses abeilles; et, comme il le dit lui-même, il se sentait bien près de pleurer, lorsqu'à l'arrivée de l'épicier, son complice, les ruches étaient soulevées et laissaient voir un monceau d'abeilles anéanties pour toujours!!! Ce brave homme entendit parler de mes ruches, parcourut plusieurs fois la distance de six à sept kilomètres qui nous séparent, malgré son grand âge, pour avoir des renseignements et prendre quelques leçons, et, depuis deux ans, il est heureux, il redresse fièrement son corps courbé par les ans et le travail, cause avidement de tout ce qui se rapporte à l'apiculture, dont il ne possédait pas jusqu'ici la moindre notion, fabrique lui-même ses ruches sur le modèle de l'*Aumônière*, avec l'ardeur d'un jeune homme; il récolte son miel, fond sa cire, fait ses réunions en octobre, aidé de mon domestique, qui est devenu un habile praticien, trouve de véritables et douces jouissances dans la culture de ses abeilles, et me remercie chaque fois de lui avoir appris à n'être plus un étouffeur.

PETIT

CALENDRIER APICOLE SPÉCIAL

INDIQUANT CE QU'IL Y A A FAIRE, CHAQUE MOIS, POUR BIEN CONDUIRE LA RUCHE L'AUMONIÈRE ET EN OBTENIR DE BEAUX PRODUITS.

JANVIER

Le mois de janvier réclame de l'apiculteur quelques soins près de ses abeilles et la visite assez fréquente de son rucher. Ordinairement, ce mois est froid; mais il arrive parfois que l'atmosphère passe rapidement par des degrés différents de température, qu'il ne faut pas regretter d'ailleurs, parce qu'ils excitent le déplacement des abeilles dans l'intérieur de la ruche et leur font parcourir successivement toutes les galeries des rayons qui peuvent leur offrir l'alimentation nécessaire. Le mois de janvier nous offre même quelquefois de belles journées chaudes qui réveillent les abeilles, les excitent à sortir et à faire quelques excursions dans les environs du rucher. Si cette sortie est fatale à un certain nombre d'entre elles qui ne rentrent pas à la ruche, elle est salutaire pour le plus grand nombre qui ont profité de cette sortie pour déposer le trop-plein de leur abdomen.

Si janvier est humide et peu froid, la reine commence sa ponte au centre de la ruche, et la dépense des vivres va commencer aussi plus largement : il faut donc, vers la fin du mois, peser ses ruches pour s'assurer qu'elles ont encore un poids satisfaisant et contiennent des provisions assez abondantes, et marquer celles qui n'accuseraient pas plus de 5 à 6 kilos à l'intérieur, ce qui ne représente guère que 3 à 4 kilos de miel; c'est bien juste pour atteindre la première miellée et répondre aux besoins du nombreux couvain qui va naître et se développer jusqu'en avril. Il faudra donc revoir ces ruches faibles au commencement de mars, par une belle journée, et leur passer un ou deux gâteaux, soit cadres, soit greniers pleins.

Les visites fréquentes au rucher pendant ce mois ont pour objet de débarrasser surtout les placets d'entrée de la neige qui pourrait s'y amonceler, et de fermer même la porte d'entrée par une légère poignée de paille en travers et retenue par la tuile pour que les abeilles ne sortent pas au plus petit rayon de soleil, comme aussi d'écarter un peu cette paille, en passant devant chaque ruche, pour que les abeilles qui veulent sortir quand même, si la température est douce, puissent rentrer facilement.

FÉVRIER

Le soleil de février excite parfois une douce chaleur qui pénètre jusque dans l'intérieur des ruches, réveille les abeilles et les appelle en grand nombre au dehors de la ruche. Elles semblent alors saluer gaiement, par un vol rapide, ces annonces précoces du retour prochain de la belle saison. On peut déjà dans l'un de ces beaux jours faire la visite, sinon de l'intérieur de ses ruches, du moins des planchers ou placets, qui pour l'ordinaire ont besoin d'un bon coup de balai : des fragments de cire provenant des cachets brisés par les abeilles tombent sur ces placets, s'imprègnent de l'humidité de la ruche, et forment comme une légère couche de fumier dont il faut purger les ruches au plus tôt. Mais il est important, pour cette opération, de choisir non-seulement une belle journée de soleil, mais encore une journée où la terre est sèche à sa surface ; car si l'on faisait cette opération en un jour de dégel, par exemple, quelque ardent que fût le soleil, les abeilles qui se poseraient sur la terre humide et froide s'y endormiraient et y périraient infailliblement.

On doit profiter également des beaux jours de ce mois pour donner quelques gâteaux pleins de miel, cadres ou greniers, aux ruchées les plus nécessiteuses ; c'est un moyen d'abord d'assurer leur existence, et ensuite d'exciter leur ardeur pour le travail et les soins du premier couvain, qui commence à être déjà bien nombreux dans ce mois. Et si les jours suivants sont d'une température assez douce, on remarquera avec satisfaction que ces ruchées d'abeilles, d'ailleurs comparativement faibles, mais qui viennent de recevoir des provisions utiles, sortent beaucoup plus que les autres, visitent activement les chatons du noisetier et les petites fleurs du mouron gras, et rapportent à la ruche déjà beaucoup de pollen, ainsi que la rosée nécessaire pour préparer la nourriture du couvain.

Puisque les beaux jours s'annoncent, c'est un motif aussi pour le possesseur d'abeilles de travailler activement à l'atelier pour compléter le nombre des ruches qui peuvent lui être nécessaires pour la bonne saison. Règle générale, il faut avoir en magasin au moins autant de ruches prêtes pour recevoir les essaims ou les faire artificiellement, qu'il y a de populations distinctes au rucher, puisque, sans être trop exigeant, on peut compter, en moyenne, un essaim par ruchée d'abeilles. L'apiculteur doit donc se mettre en mesure pendant ce mois ; car en mars il lui sera difficile de rester enfermé : les travaux de jardinage, la taille de ses arbres et les semis réclameront ses soins. Qu'il se hâte donc en février de compléter le nombre des ruches qui pourraient lui être nécessaires.

MARS

Nous sommes heureux d'annoncer aux amateurs de l'*Aumônière* que les opérations sérieuses et intéressantes de l'apiculture commencent vers la fin de ce mois. En effet, il est difficile de croire qu'il s'écoulera tout entier sans présenter une série de quelques belles journées, dont il faudra se hâter de profiter pour enlever tous les greniers qui, ayant séjourné tout l'hiver sur les ruches, ont été bien mieux conservés par les abeilles et bien plus sûrement préservés de la fausse teigne que nous n'aurions pu le faire dans nos serres ou nos greniers. Mais il est inutile de les y laisser plus longtemps, puisqu'ils sont destinés à contenir le beau miel au moment de la grande miellée, et qu'il est important de les soustraire, même aux visites de la reine, qui, au moment de la grande ponte en avril, dépose ses œufs partout où elle trouve la place libre. Ils sont à sec pour le moment, ou ne contiennent plus que quelques alvéoles cachetés qu'il est facile de faire sucer par les abeilles, en les égratignant légèrement à la surface, et en les laissant encore pendant quelques heures dans la ruche tandis qu'on opère sur les suivantes. Aussitôt après avoir enlevé tous les greniers d'une ruche, il faut lancer un coup d'œil rapide dans l'intérieur du corps de ruche pour en connaître l'état général, s'assurer que les gâteaux sont sains, qu'il y a du couvain déjà en abondance et suffisamment de nourriture, signes certains de prospérité. Si l'œil ne pouvait apercevoir aucune trace de couvain entre les gâteaux, il faudrait enlever un cadre ou deux du centre pour inspecter jusqu'au fond des alvéoles, puis un troisième, puis un quatrième ; mais c'est assez ; si aucune trace de couvain ne vous apparaît, dites avec certitude : Cette ruche n'a plus de reine ou ne possède qu'une reine caduque; si d'ailleurs la population est forte, il faut lui donner un gâteau d'une autre ruche, avec les œufs duquel les abeilles feront une reine et même plusieurs reines, sinon la réunir immédiatement à sa voisine. Cette inspection terminée, il faut appliquer la toile cirée sur chaque ruche et la couvrir de sable pour favoriser la chaleur et l'incubation prospère du couvain; puis, si on le veut, remettre en place tous les greniers qui sont en bon état et sur lesquels il n'y a rien à refaire. C'est le moyen de ne pas s'en embarrasser, de ne pas s'exposer à les froisser, et sous tous les rapports ils sont mieux là qu'ailleurs, bien fermés par les pignons et abrités sous le paillasson. On a dû également profiter de cette inspection pour tailler les rayons avariés et pour donner le reste de ses provisions en cadres aux ruchées les plus nécessiteuses; c'est une mise de fonds placés à gros intérêts et qui rendront bientôt cent pour un. Il faut encore pendant ce mois visiter le dessous des paillassons pour détruire soit les nids d'araignées, soit les larves de la fausse teigne. Il faut enfin approprier le devant et les alentours de ses ruches, y répandre une bonne couche de sable de jardin, ce qui vaut beaucoup mieux que les tapis de gazon dans lequel s'embarrassent et s'enfoncent les abeilles qui, revenant trop chargées et ayant manqué leur coup pour s'abattre sur les placets, sont tombées à terre. Sur le gravier, elles se reposent un instant et reprennent facilement leur vol pour rentrer à la ruche.

AVRIL

Avril est le mois de la grande activité des abeilles, parce que c'est le moment de la grande ponte et de l'éducation de milliers de couvains. C'est plaisir à voir les abeilles, partant dès le matin avec un entrain admirable pour visiter les fleurs nombreuses qu'une douce chaleur fait épanouir, puis revenant bientôt, pour ainsi dire en colonnes serrées et tombant comme du plomb sur les placets, avec leurs jolies petites pelotes jaunes et la poche mellifère déjà bien remplie. Secondons cet élan, et quoique la rosée ne manque pas en cette saison, pensons que le soleil de midi l'aura bien vite pompée et desséchée. Dans cette prévision, déposons près du rucher une grande terrine ou une auge en pierre quelconque bien remplie d'eau et de caillonx jusqu'à la surface, pour que les abeilles viennent se poser sur ces cailloux, s'abreuver à longs traits et faire leurs provisions pour le couvain. Il est un moyen bien simple de tenir toujours l'eau à fleur des cailloux sans les surpasser, c'est de remplir d'eau une grande bouteille en grès à goulot étroit, de l'établir renversée sur la terrine, ayant l'extrémité du goulot noyé dans les cailloux de 1 centimètre ou 2 seulement. Par ce moyen, à mesure que l'eau baisse de 1 centimètre, le goulot dégorge aussitôt seulement la quantité d'eau nécessaire pour réparer le déficit, et la terrine est toujours pleine. C'est tous les dix ou quinze jours qu'il faut remplir la bouteille en grès complétement épuisée. De midi à deux heures, la surface de la terrine est littéralement couverte d'abeilles.

On peut déjà faire ces remarques et juger assez bien de l'état intérieur de ses ruchées : celles qui possèdent une bonne reine, jeune, vigoureuse et féconde, se livrent à la récolte du pollen avec une très-grande activité. Si quelques ruchées paraissent inactives en cette saison, si l'on ne compte que quelques butineuses qui sortent et rentrent à des distances éloignées, souvent même sans rapporter de pollen et qui hésitent pour rentrer dans la ruche, il faut marquer ces ruches, ou mieux encore les visiter immédiatement, s'il est possible; elles sont sans doute orphelines ou sur le point de l'être; ce qu'il y a de mieux à faire, c'est d'y introduire un cadre pourvu de couvain de tout âge, et le dommage sera bien vite réparé. Il est bon de marquer également par un signe quelconque les ruches les plus actives, car c'est de celles-là qu'on pourra extraire un essaim artificiel, même vers la fin d'avril, si le temps paraît alors favorable; et sur les mères qui auront donné ces essaims artificiels, on établira de suite les greniers dans lesquels les abeilles déposeront déjà beaucoup de meil, en attendant que la jeune reine qui va éclore soit sortie pour se faire féconder et ait commencé sa ponte.

MAI

L'apiculteur actif et intelligent doit être prêt à faire toutes les opérations qui vont l'occuper pendant ce mois, s'il veut correspondre à l'activité de ses abeilles et se trouver, nous pourrions dire à la hauteur des circonstances, car c'est le mois des essaims, c'est le mois de la première grande miellée; il faut donc être prêt à tout événement et profiter de la bonne volonté de nos abeilles.

On peut, on doit même, dès le commencement de mai, pratiquer ses essaims artificiels de la manière que nous avons indiquée en son lieu. Il est important d'observer : 1° que l'essaim artificiel doit être établi sous la toile cirée, bien appliquée et fermant bien la partie supérieure du corps de ruche, afin que les abeilles n'aient pas à faire une grande dépense de propolis pour rendre la toile adhérente aux cadres et garantir le couvain contre le froid. On ne doit pas craindre également de charger la toile de bonnes poignées de terre sèche ou de sable ; plus la toile sera chargée, mieux se portera le couvain sous cette voûte qui retiendra et conservera la chaleur de la ruche. Qu'un essaim naturel, qui nous aurait prévenu par son départ inattendu, doit être lui-même reçu sous la toile, de la même manière que l'essaim artificiel, parce que, s'il était reçu dans une ruche complétée par ses greniers et sans toile, les abeilles monteraient infailliblement dans les greniers pour y construire leurs premiers rayons dans lesquels la reine pondrait aussitôt ; ce qui exciterait les abeilles à y déposer également le miel aqueux, le pollen et le rouget destinés à la nourriture du couvain, et ces greniers ne pourraient plus offrir du beau miel sans rouget ni pollen.

Si le temps propice a permis de faire les essaims artificiels dès le commencement de ce mois, et même en avril, c'est un avantage précieux, parce que ces essaims auront déjà rempli de cire le corps de ruche sous la toile ; et le miel inférieur et le couvain y seront déjà abondants, lorsque vers le 15 de mai la toile sera enlevée pour donner aux abeilles libre accès dans les greniers composés de belles bâtisses, au moment où le sainfoin offrira la grande miellée.

Il ne faut pas oublier, en enlevant la toile de l'essaim artificiel *qui possède la reine mère*, et avant de placer les greniers, d'inspecter tous les cadres pour détruire sans pitié tous les alvéoles de reine, car cette ruche est peut-être à la veille de donner un essaim naturel, ce qui n'est nullement à désirer. Tranchez également toutes les têtes de bourdons que vous apercevez au berceau, il en restera toujours assez. L'inconvénient d'un essaim secondaire est moins à craindre dans la ruche mère *qui n'a pas conservé la reine*, parce que la jeune reine, en naissant et après s'être fait féconder, détruit tous les autres alvéoles de reine, ou donne, par sa présence, le signal infaillible de cette destruction. En enlevant la toile d'un essaim naturel, on détruirait également tous les alvéoles de reine pour éviter d'obtenir ce qu'on appelle vulgairement un *réparon*, dont la réussite est toujours incertaine.

JUIN

Nous sommes arrivés au beau moment de l'apiculture : celui qui naturellement touche et flatte le plus tout possesseur d'abeilles : le grand nombre de ruches et la production abondante du miel ; car c'est le moment où les ruches s'alignent en colonies serrées et où des milliers d'abeilles s'agitent avec un entrain merveilleux. La moisson est abondante, les ouvrières sont nombreuses, actives, empressées, et le poids des ruches s'accroît rapidement. C'est déjà le moment où on peut commencer la récolte du beau miel dans les greniers. Quant au nombre des ruches, il est bon de le limiter et d'arrêter son accroissement vers la fin de ce mois. Attendu que les essaims qui sortiraient maintenant naturellement ne pourraient que végéter au détriment même de la ruche qui les aurait produits ; il faut donc les faire rentrer à la mère et leur ôter l'envie de sortir de nouveau. Il suffit pour cela de recevoir ce faible essaim qui vient de sortir, dans un panier ordinaire (ruche villageoise), de le secouer fortement sur une serviette disposée à l'entrée de la mère de telle manière cependant que les abeilles aient à parcourir au moins trente à quarante centimètres avant de rentrer dans la ruche ;

de cette manière, et en observant attentivement surtout la première colonne, on voit passer la reine, ou les reines, car il y en a souvent plusieurs dans ces essaims secondaires, on les saisit et on les supprime. Les abeilles rentrent et ne sortent plus. Dans ce cas, il n'y a nullement à craindre un combat meurtrier, parce que les abeilles sont toujours bien accueillies dans leurs ruches tant qu'elles n'en ont point été absentes au moins pendant vingt-quatre heures.

S'il arrivait qu'il fût impossible de reconnaître la ruche d'où est sorti cet essaim, on le mêlerait à une ruche faible par le procédé Vignole, c'est-à-dire en retournant la ruche qui doit le recevoir, en y répandant quelques cuillerées de miel liquide sur les abeilles et sur les rayons, et en faisant tomber par un coup sec toutes les abeilles de l'essaim dans ce réceptacle liquide. La ruche est aussitôt remise en place, et pendant que toutes ces abeilles emmiellées se prêtent secours mutuel pour réparer les dommages de leur toilette, la paix est faite et parfaite. Quant au nombre des reines, n'en ayons nul souci, il n'en restera qu'une seule.

JUILLET

Nos butineuses ont bien travaillé en mai et en juin, les ruches sont lourdes, les greniers sont pleins; libre à nous, dès le commencement de ce mois, de prélever notre large part du butin, d'enlever même tous les greniers, sauf un ou deux triangles par grenier, pour laisser aux abeilles des échelles commodes qui leur permettent de continuer à les fréquenter. Ici nous appelons toute l'attention de certains possesseurs d'abeilles, c'est-à-dire de tous ceux qui ont la mauvaise chance de compter, parmi les arbres d'agrément de leur localité, le détestable vernis du Japon ou ailante à grappes ombellifères, à fleurs verdâtres et malheureusement très-mellifères. C'est au moment où l'ailante entre en fleurs, vers le commencement de juillet et quelquefois même vers la fin de juin, qu'il faut sauver les miels, faire la récolte de ses greniers et même de quelques beaux cadres pleins en arrière de la ruche, si l'on ne veut pas qu'ils soient empoisonnés par un miel âcre et qui laisse dans la bouche un arrière-goût nauséabond, détestable, quoique cependant il n'offre rien de dangereux pour l'homme et qu'il soit utile même pour la nourriture des abeilles ; mais il faut le remarquer, le récolter à part avant la fin de juillet, aussitôt que la fleur est passée, pour qu'il ne se trouve pas mêlé aux miels des regains de sainfoin et de luzerne qui sont quelquefois encore assez abondants. On rendra le miel d'ailante aux abeilles en octobre ; elles s'en nourriront pendant l'hiver et nous conserveront les bâtisses qui sont d'ailleurs fort belles.

Il est une opération, sinon très-humaine, du moins très-utile qu'il ne faut pas manquer de faire en récoltant son miel à cette saison : c'est d'exterminer sans pitié tous les bourdons qui nous tombent sous la main ; attendu qu'ils ne sont plus nécessaires, puisque toutes les reines sont fécondées et que déjà les abeilles elles-mêmes ont commencé cette destruction : d'ailleurs, quelque grande que soit la guerre, il en restera toujours assez pour les besoins du rucher.

Il faut donc que le couteau, c'est affreux à dire, tranche toutes les têtes de ces gros mangeurs de miel qui dépassent l'alignement des cellules pour ceux qui sont encore au berceau, sans offenser toutefois les alvéoles du couvain d'ouvrières dont les opercules sont d'ailleurs beaucoup moins saillants. Cette opération est faite avec un couteau long, mince et bien tranchant : la nuit suivante, les abeilles ne manqueront pas de mettre à la porte les nombreux cadavres qui proviennent de votre fait. Si vous apercevez un cadre ne contenant que du couvain de bourdon, mieux vaut le supprimer entièrement et le remplacer par un vide, ou, ce qui est toujours préférable, par un cadre contenant une bâtisse à alvéoles d'abeilles, si vous en avez ; elle sera utilisée aussitôt pour recevoir soit du miel, soit des œufs d'ouvrières, ce qui est également avantageux.

AOUT

—

Ce mois est assez indifférent dans la culture des abeilles, il est même à peu près stationnaire pour la production du miel, pour ne rien dire de plus ; car souvent, pendant la première partie de ce mois, les abeilles dépensent plus qu'elles ne gagnent, surtout si les ardeurs du soleil viennent à brûler les fleurs. Il est à désirer qu'il close surtout la production des essaims ; car, que sont les essaims tardifs du mois d'août dans nos contrées ? Une poignée de mouches qui ne sauraient trouver suffisamment de nourriture pour faire un panier capable de passer l'hiver. Il faudra donc nourrir pour n'arriver à peu près à aucun résultat ; il vaut mieux faire rentrer de suite à leurs mères tous ces avortons tardifs. Encourager la conservation de ces petits essaims secondaires, tertiaires, réparons, trévas, c'est presque favoriser l'étouffage ! J'appuie mon dire par un fait. Je connais un *apiculteur* qui était arrivé, par la multiplication des petits essaims, de *cinquante* bonnes ruches au printemps, à *cent trente-sept* ruches à l'automne, et, jugeant lui-même que les *deux tiers* de son rucher ne pouvaient passer l'hiver, il déclarait nettement qu'il était résolu de se réduire à *cinquante* ruches, comme au point de départ, parce qu'il ne pouvait se résoudre à nourrir *quatre-vingt-sept* ruches avec le sirop de sucre et autres aliments de nouvelle invention.

Qu'allait-il donc faire? les réunir, sans doute? C'était la question que je lui adressais; car il connaît les bonnes méthodes. Non, me dit-il, ce serait trop de besogne, je ne m'en sens pas le courage; je les étoufferai !!! N'eût-il pas mieux valu les empêcher de sortir, ou au moins les réunir de suite soit à leurs mères, où elles auraient apporté leur contingent de travail, soit à quelques ruches faibles, qu'elles auraient fortifiées et peut-être sauvées. Mais d'où provenait cette quantité prodigieuse d'essaims naturels? Quelle était la cause de leur multiplication hors des proportions ordinaires? la voici : c'est que ses ruches étaient très-petites, construites en bois très-léger d'un centimètre à peine d'épaisseur, et à peine recouvertes d'un mauvais paillasson. Le soleil chauffait tout à son aise les légères parois de ces ruches et forçait les abeilles plutôt à une émigration intempestive qu'à un essaimage régulier. Aussi les mères et les essaims ne valaient pas grand'chose.

Quant à la production du miel, elle n'est pas toujours à dédaigner dans ce mois, comme nous l'avons dit : la seconde floraison des prairies artificielles présente encore parfois une assez riche moisson à l'activité de nos abeilles; mais avant de demander une part de ce nouveau butin, il faut bien s'assurer que chaque ruche conserve des provisions suffisantes pour l'hiver.

SEPTEMBRE

C'est le mois du recueillement, des comparaisons et des résolutions : il faut pendant ce mois visiter attentivement son rucher, peser toutes ses ruches et en inscrire le poids sur son calepin, afin de décider au plus tôt : 1° quelles sont celles que l'on doit conserver, quelles sont celles que l'on doit supprimer ; et 2° dans quelles ruches on fera passer les abeilles de celles que l'on doit supprimer. Il faut de suite commencer les rapprochements, qui ne peuvent s'effectuer que par petites étapes, afin que les abeilles reconnaissent plus facilement leur ruche respective et arrivent par gradation près de celles qui leur donneront bientôt l'hospitalité d'hiver. Autrement il pourrait y avoir confusion et méprise au milieu de toutes ces ruches qui se ressemblent et se touchent presque, et nous savons que le sort de la malheureuse abeille qui se trompe de ruche n'est pas flatteur pour elle ; car, à peine a-t-elle eu le temps de poser sur le placet d'entrée d'une ruche étrangère, que trois ou quatre vigilantes sentinelles se précipitent sur elle, la saisissent qui par les pattes, qui par les ailes, et s'apprêtent à lui faire le plus mauvais parti et à la traiter avec la dernière rigueur, si elle ne réussit à se rouler à terre dans ce combat à mort et à se tirer au plus vite des étreintes de ses ennemies. Tout le mois de septembre sera donc employé à faire les rapprochements décidés à l'avance.

Il n'est peut-être pas inutile d'appeler l'attention de l'apiculteur sur les moyens de conservation de la cire qu'il a pu recueillir en juin, juillet et août, et dont il a fait magasin, en attendant le moment favorable de la fondre. Cet amas de cire destinée à la fonte est entassé, pour l'ordinaire, dans des boîtes ou dans des sacs, et y fermente facilement et promptement à cause de la présence du pollen et du rouget. Cette fermentation attire la fausse teigne qui parvient à s'y faufiler et à s'y installer quand même ; très-friande de pollen et même de cire, elle commence aussitôt à s'y propager d'une manière effrayante, et bientôt les vers nombreux qu'elle a engendrés commencent une destruction de cire qui sera bientôt complète et ne présentera plus qu'un repaire hideux de rongeurs dégoûtants ; toute la cire est perdue. Il faut donc visiter de temps en temps, et plus attentivement encore pendant ce mois, le coffre ou les sacs qui recèlent cette cire, et si l'on aperçoit quelques larves de fausse teigne ou seulement quelques tissus légers filés par le ver fausse teigne, le moyen le plus court et le plus simple de sauver sa cire est de la jeter dans un vieux tonneau et de l'arroser copieusement d'eau bouillante. D'autres préfèrent pétrir les rayons et en faire des pelotes comme des boules de neige ; mais c'est un moyen moins efficace pour une bonne conservation.

OCTOBRE

Un intérêt nouveau et bien légitime s'attache à ce mois qui vient offrir son contingent de productions mellifères et de bénéfices pour le possesseur d'abeilles ; mais, tandis que l'étouffeur stupide, armé de la mèche de soufre, détruit cruellement ses abeilles si laborieuses, si intelligentes on peut dire, et par là même si intéressantes, victimes en ce moment de leurs bienfaits, et sacrifiées avec d'autant plus d'empressement qu'elles ont mieux travaillé, le véritable apiculteur qui a étudié son rucher, dressé ses plans, rapproché ses ruches en septembre pour faire ses réunions, commence pacifiquement cette bénigne et fructueuse opération. Deux manières d'opérer se présentent à son choix, comme nous l'avons dit avec détails : ou bien il fait du vide dans la ruche à conserver et y introduit abeilles et gâteaux de la ruche à supprimer, ou bien il fait les réunions par superposition de la manière que nous avons expliquée. La fumée de chiffon, projetée dans les ruches, dans l'un et l'autre cas, dispose les abeilles à se réunir et à vivre pacifiquement ; l'une des deux reines doit succomber, mais c'est sans doute l'avantage et le salut de la ruche qui, d'après l'opinion commune, se trouve, par le fait, pourvue d'une reine jeune et vigoureuse, tandis que la vieille a été sacrifiée. Les deux modes de réunions que nous avons indiqués paraissent également bons, et si toutes les abeilles n'ont pas la vie sauve dans ce remaniement des ruches, il est certain du moins que le très-grand nombre est sauvé, et, dans tous les cas, nous avons laissé aux abeilles elles-mêmes le soin de décider de leur sort. Il est bon d'opérer, au moins sur quelques ruches, les réunions par transvasement immédiat, afin de nous procurer de suite un bon nombre de cadres pleins de miel, dont une partie servira à équilibrer le poids de toutes nos ruches, en donnant quelques gâteaux aux plus faibles, et le reste formera la réserve du magasin ou deviendra notre profit immédiat. Il est même plus juste de dire qu'il y aura encore, à ce moment, bonne part pour tout le monde.

Disons ici, et c'est bien le lieu, qu'une bonne ruche doit avoir, pour passer l'hiver sans laisser d'inquiétude à son propriétaire, au moins 8 à 10 kilos à l'intérieur. Avec ce poids on peut atteindre la première miellée du printemps suivant. Mais nous rappelons que c'est avec des rayons de miel cacheté qu'il faut, à cette époque, augmenter le poids de ses ruches et non avec du miel liquide ou autre nourriture factice qui, ne pouvant plus être chauffée suffisamment et cachetée par les abeilles, à cause de la saison avancée, ne tarde pas à se corrompre et cause la loque et la dyssenterie des abeilles, et par conséquent la destruction de la ruche.

NOVEMBRE

Nous avons peu de chose à faire dans ce mois, si ce n'est de nous assurer, par une visite attentive du rucher: 1° que toutes les ruches sont suffisamment couvertes de bons par-dessus pour les garantir de la pluie et des neiges pénétrantes de l'hiver; 2° qu'elles sont légèrement inclinées en avant dans le sens de la porte d'entrée, pour le libre écoulement des eaux produites à l'intérieur de la ruche par les vapeurs qu'excitent les abeilles en chauffant le miel pour s'en nourrir et quelquefois le couvain; 3° que les portes d'entrée n'ont pas plus de 7 *à* 8 *millimètres* de haut sur 10 *centimètres* au plus de long pour rendre l'intérieur des ruches inaccessible aux mulots, aux musaraignes, très-friands de miel, et même d'abeilles en hiver. On accuse bien aussi les mésanges de faire la chasse aux abeilles, mais je les crois moins coupables qu'on veut bien le dire: j'ai observé souvent leur conduite à cet égard. Elles fréquentent beaucoup les placets d'entrée, il est vrai, elles y laissent même parfois des traces justificatives et qui pourraient accuser des mauvaises intentions; mais je me suis toujours convaincu par mes yeux qu'elles se contentent de ramasser les miettes, c'est-à dire les abeilles mortes et rejetées hors de la ruche. Il en est de même au printemps, du rossignol, qui ne s'effraye nullement de votre présence près du rucher, passe d'un bond léger d'une ruche à l'autre, et, au moyen d'un coup de bec par-ci par-là sous les placets, fait un très-bon repas, sans préjudice pour personne.

Il est bon de s'assurer aussi à ce moment que toutes les ruches sont bien d'aplomb sur leur socle en pierre de 20 centimètres carrés, afin que les vents foudroyants de l'ouest et du sud ne puissent les renverser. Si ces socles en pierre sont bien établis sur la terre et même enfoncés de quelques centimètres, il n'est nullement besoin de retenir par des pieux à droite et à gauche ces ruches bien établies qui se maintiendront d'ailleurs par leur propre poids.

Le mois de novembre est le moment du plus grand calme des abeilles, à moins qu'on ait eu la malencontreuse idée de leur faire monter du miel liquide en octobre ; car alors la reine, excitée par ce miel liquide à continuer sa ponte, a peuplé en partie la ruche d'un chétif couvain qui ne peut aboutir, qui y cause la plus grande perturbation, et produit finalement, en mourant dans les alvéoles, ce qu'on appelle la loque, qui n'est autre que le couvain mort au berceau.

Les ruches à cadres mobiles qui permettent de donner aux abeilles, en toute saison, une nourriture saine et substantielle, ont ici un grand avantage sur toutes les autres sortes de ruches.

DÉCEMBRE

—

La neige qui couvre la terre, les fortes gelées qui ont commencé peut-être en novembre, les pluies, les frimats, la dure saison d'hiver en un mot, laissent à l'apiculteur de longues heures de loisir qu'il peut utiliser très-avantageusement dans l'intérêt même de sa santé aussi bien que dans la prévision des besoins futurs de ses abeilles. L'hiver, c'est le moment de remettre tout en bon état, ruches, cadres, greniers ; c'est le moment de construire aussi des ruches nouvelles, afin d'être en mesure de doubler son rucher lorsque le printemps sera venu. Ce travail de menuiserie, tout en procurant le bien-être du corps, permet également à l'apiculteur de continuer à vivre, pour ainsi dire, avec ses abeilles. Et puis, nous l'avons dit, c'est en réparant ses ruches, c'est en en construisant de nouvelles que l'on accroît son expérience, en repassant dans ses souvenirs les succès obtenus, les déceptions inattendues dont on doit rechercher les causes à tête reposée, tout en poussant la scie ou le rabot. Il est à présumer que le fruit de ces réflexions, mûries tout à loisir, sera de mieux faire à la saison nouvelle, et par conséquent de mieux réussir ; c'est en forgeant le fer, dit-on, qu'on devient forgeron. Il

4

est important, dans la fabrication de ses ruches, de s'appliquer à obtenir l'uniformité de mesures la plus exacte possible, parce qu'un cadre, qui se trouve aujourd'hui dans telle ruche et s'y adapte bien, en sortira un jour par une opération quelconque, et n'y rentrera peut-être pas d'ici bien longtemps ; il faut donc qu'il s'adapte également bien à toutes les autres ruches, et pour cela, l'uniformité de mesure des ruches, des cadres, des greniers même, est bien nécessaire, et puis toute opération près des abeilles doit se faire promptement, parce que ces dames ne sont pas toujours très-patientes, surtout dans le moment du couvain ; il faut donc que tout s'ajuste et s'adapte comme un gant ; c'est un peu d'attention qu'il faut apporter en construisant ses ruches, en fabriquant ses cadres, mais dont on est bien récompensé par la facilité et la célérité qu'on obtient dans les opérations. On fera bien aussi de donner à ses ruches nouvelles, sitôt qu'elles sont finies, une couche légère de peinture verte, et même une seconde couche si on le veut, au sortir de l'hiver. C'est une dépense minime et qui est bien utile pour conserver les ruches et les empêcher de se voiler, de se fendiller au grand soleil d'été. C'est le moment aussi de faire les par-dessus, qu'on ne doit pas craindre de tenir trop longs, afin qu'ils emboîtent bien la ruche, s'y maintiennent solidement pendant les grands vents de l'hiver, et la préservent, ainsi que les abeilles et les rayons, des grandes chaleurs de l'été.

TABLE

—

PARIS. — IMPRIMERIE SIMON RAÇON ET COMP., RUE D'ERFURTH, 1.

BIBLIOTHÈQUE IMPÉRIALE
IMPR.

A LA MÊME LIBRAIRIE.

ALMANACH DU JARDINIER, par les rédacteurs de la *Maison rustique du dix-neuvième siècle*, 1 vol. in-16, avec gravures. . 50 c.

ALMANACH DU CULTIVATEUR, *Agriculture, Élève du bétail*, par les auteurs de la *Maison rustique*, 1 vol. in-16, avec grav. 50 c.

ALMANACH-MANUEL DE LA BONNE CUISINE ET DE LA MAITRESSE DE MAISON, 1 vol. in-16, illustré de 150 gravures, et avec une jolie couverture coloriée. . . . . 50 c.

ALMANACH DES DAMES ET DES DEMOISELLES, 1 vol. in-16 jésus, illustré. . . . . 50 c.

LA MÈRE GIGOGNE, ALMANACH DES ENFANTS, 1 vol. in-16 jésus illustré. . . . . 50 c.

ALMANACH D'ILLUSTRATIONS MODERNES, élégant album in-4°, doré sur tranche, illustré de belles et grandes vignettes. 75 c.

ALMANACH DE LA LITTÉRATURE, DU THÉATRE ET DES BEAUX-ARTS, contenant, outre de nombreux renseignements, une revue littéraire et dramatique de l'année, par M. Jules Janin, 1 vol. in-8° doré sur tranche, orné de vignettes et portraits. . . . . 75 c.

ALMANACHS LIÉGEOIS.

L'ASTROLOGUE UNIVERSEL, ou *le véritable triple Liégeois*, almanach journalier, par Me *Mathieu Laensberg*, 1 gros vol. 50 c.

LE VÉRIDIQUE, almanach sans pareil, 1 gros vol. . . . . . 50 c.

4.

LE PROPHÊTE FRANÇAIS, par *Nostradamus*, 1 gros vol. 50 c.

SOUVENIRS D'UN GRAND HOMME, almanach journalier, 1 gros vol. . . . . 50 c.

LE VÉRITABLE UNIVERSEL, almanach journalier des villes et des campagnes. par *Me Mathieu Laensberg*, 1 gros vol. . . . . 50 c.

LE VÉRITABLE DOUBLE LIÉGEOIS, almanach journalier, par *Me Mathieu Laensberg*, 1 vol. (240 pages). . . . . 40 c.
Le même 1 vol. (184 pages). . . . . 30 c.
Le même 1 vol. (152 pages). . . . . 25 c.
Le même 1 vol. (112 pages). . . . . 20 c.
Le même 1 vol. (56 pages) . . . . 10 c.

LE TRIPLE LIÉGEOIS, ou le *Nouveau Mathieu Laensberg*, 1 vol. . . . . 40 c.

LE NOUVEAU DOUBLE LIÉGEOIS, de *Me Mathieu Laensberg*, 1 vol. . . . . 30 c.

LE DOUBLE ALMANACH FRANÇAIS, de *Nostradamus*, 1 vol. 25 c.

LE VILLAGEOIS, almanach des campagnes, 1 vol. . . . . . 20 c.

LE PETIT LIÉGEOIS, almanach journalier, 1 vol. (80 pages). 15 c.
Le même 1 vol. (56 pages). 10 c.

PARIS. — IMPRIMERIE SIMON RAÇON ET COMP., RUE D'ERFURTH, 1.

www.ingramcontent.com/pod-product-compliance
Ingram Content Group UK Ltd.
Pitfield, Milton Keynes, MK11 3LW, UK
UKHW021638260726
13994UKWH00003B/1216